Das Buch der zufälligen Weltraumfakten

Sneaky Press

Inhalte

Weltraum-Erste

Die erste Rakete erreichte 1942 den Weltraum

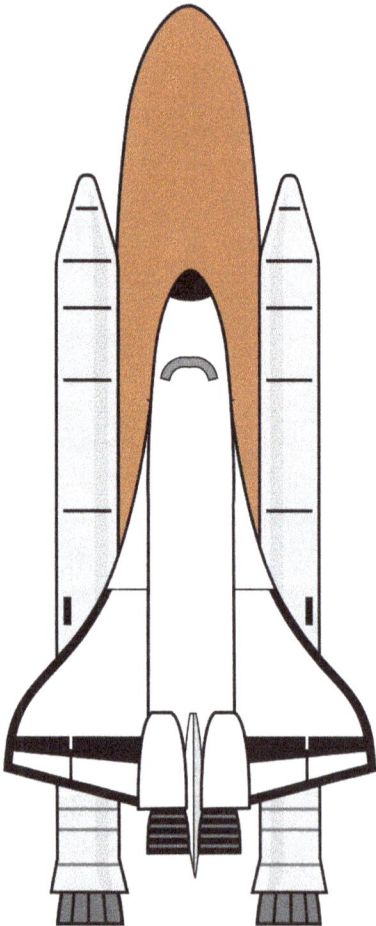

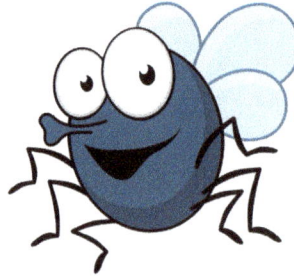

Fruchtfliegen wurden 1947 in den Weltraum geschickt.

Das erste Säugetier, das in den Weltraum geschickt wurde, war ein Affe namens Albert II im Jahr 1949.

1957 umkreiste ein Hund namens Laika die Erde.

Luna 1, ein russisches unbemanntes Raumfahrzeug, stürzte 1959 auf dem Mond ab.

Der russische Kosmonaut Juri Gagarin ist am 12. April 1961 an Bord von Wostok 1 der erste Mensch im Weltraum. Er verbrachte dort 108 Minuten und umkreiste die Erde einmal.

Am 20. Februar 1962 umkreiste der amerikanische Astronaut John Glenn die Erde dreimal an Bord von Friendship 7. Er verbrachte vier Stunden und 55 Minuten im Weltraum.

Die erste Frau im Weltraum war die russische Kosmonautin Valentina Wladimirowna Tereschkowa am 16. Juni 1963. Sie verbrachte 70 Stunden im Weltraum und umkreiste die Erde 48 Mal.

Die Apollo-8-Astronauten Frank Borman, Jim Lovell und Bill Anders werden am 24. Dezember 1968 die ersten Menschen, die den Mond umkreisen.

Am 18. März 1965 ist der russische Kosmonaut Alexei Leonow der erste Mann, der im Weltraum spazieren geht.

Die Astronauten Neil Armstrong, Buzz Aldrin Jr. und Michael Collins sind am 20. Juli 1969 die ersten Menschen, die auf dem Mond landen. Armstrong und Aldrin sind die ersten, die auf dem Mond spazieren gehen.

Größe im Weltraum

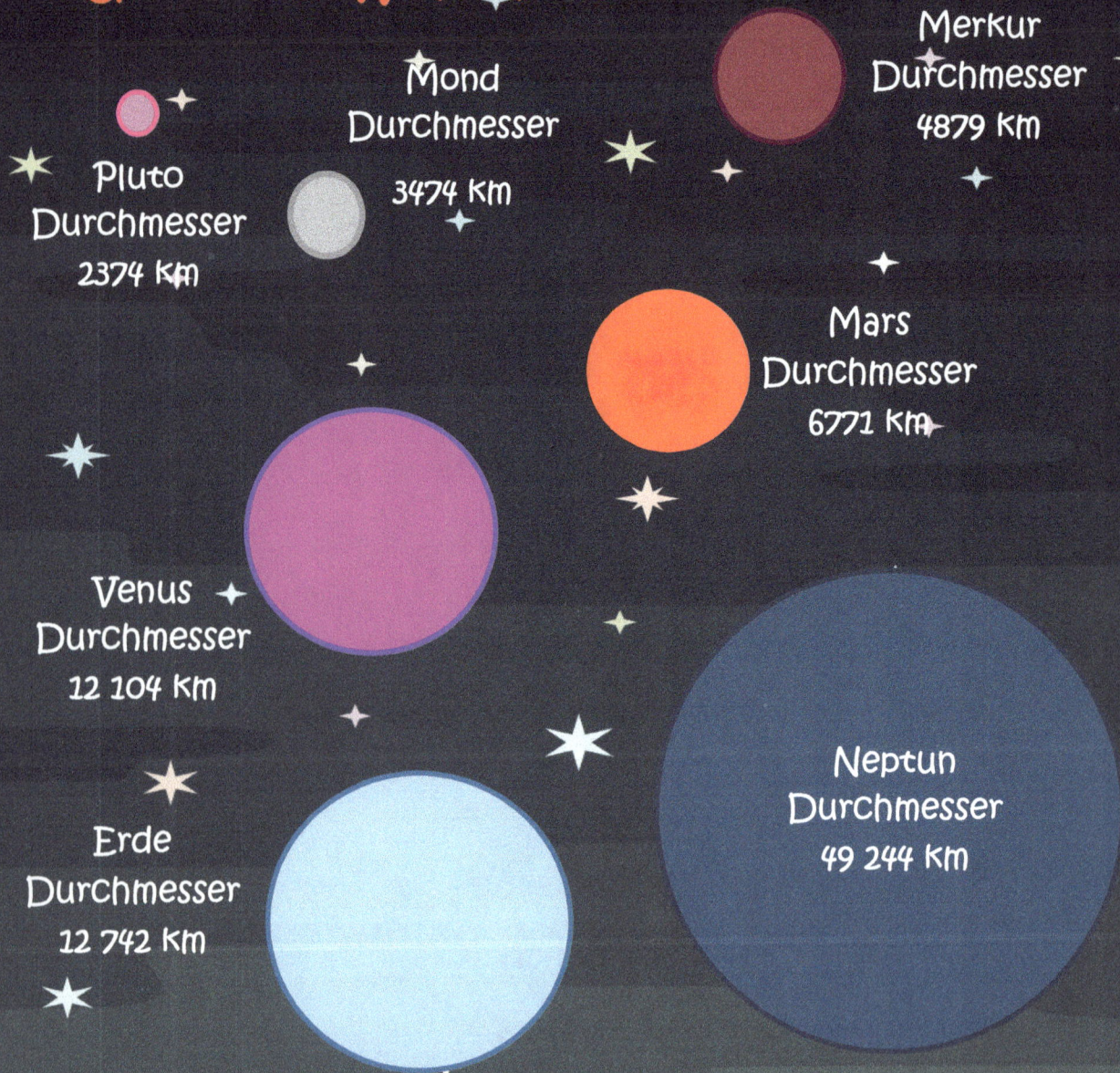

Merkur
Durchmesser
4879 km

Mond
Durchmesser
3474 km

Pluto
Durchmesser
2374 km

Mars
Durchmesser
6771 km

Venus
Durchmesser
12 104 km

Neptun
Durchmesser
49 244 km

Erde
Durchmesser
12 742 km

Uranus
Durchmesser
50 724 km

Saturn
Durchmesser
116 464 km

Jupiter
Durchmesser
139 822 km

Die Sonne Durchmesser
1.391016 million km

Die Sonne macht
99,86% der Masse im
Sonnensystem aus.

Zufällige Fakten über Merkur

Merkur ist nach dem römischen Gott der Kaufleute und Reisenden benannt.

Sie würden auf Merkur um 62% weniger wiegen als auf der Erde.

Merkur hat keine Monde oder Ringe.

Ein Merkur-Tag entspricht 176 Erdtagen.

Mariner-10 war das erste Raumfahrzeug, das Merkur im Jahr 1974 besuchte.

Merkur ist der zweitheißeste Planet.

Es ist nicht bekannt, wer Merkur entdeckt hat.

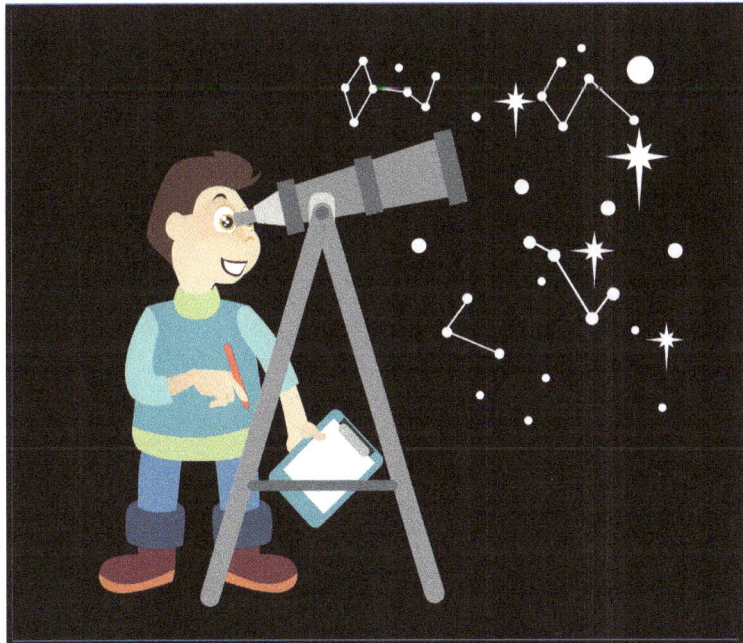

Ein Merkur-Jahr dauert 88 Erdtage.

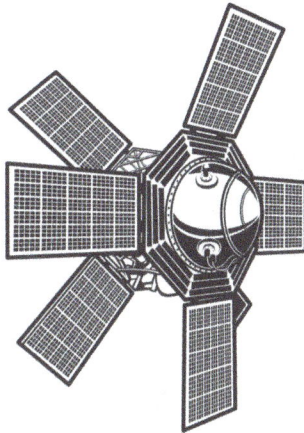

Zufällige Fakten über die Venus

Venus ist nach dem römischen Gott der Liebe benannt.

Ein Venus-Jahr dauert 225 Erdtage.

Ein Tag auf Venus entspricht dem von 117 Erdtagen.

Die Oberflächentemperatur auf Venus kann bis zu 471 °C erreichen und macht sie damit zum heißesten Planeten in unserem Sonnensystem.

Venus hat keine Monde.

Venus ist das zweithellste Objekt am Nachthimmel.

Venus dreht sich in entgegengesetzter Richtung zu den meisten anderen Planeten.

Zufällige Fakten über Mars

Mars ist nach dem römischen Gott des Krieges benannt.

Mars hat zwei Monde, Phobos und Deimos.

Nur 18 von insgesamt 40 Missionen zum Mars waren erfolgreich.

Es gibt Anzeichen von flüssigem Wasser auf dem Mars.

Sonnenuntergang auf dem Mars ist blau.

Mars hat die größten Staubstürme in unserem Sonnensystem. Sie können monatelang andauern und den gesamten Planeten bedecken.

Mars beherbergt den Olympus Mons, den höchsten Berg im Sonnensystem.

Zufällige Fakten über Jupiter

Jupiter ist nach dem römischen König aller Götter benannt, er ist auch der Gott des Lichts.

Acht Raumfahrzeuge haben Jupiter besucht.

Ein Jupiter-Tag entspricht 9 Erdstunden und 55 Minuten – der kürzeste in unserem Sonnensystem.

Jupiters Großer Roter Fleck ist ein Sturm, der seit mindestens 350 Jahren tobt. Er ist so groß, dass drei Erden hineinpassen würden.

Jupiter gibt mehr Energie ab, als er von der Sonne erhält.

Jupiter umkreist die Sonne einmal alle 11,8 Erdjahre.

Jupiter hat Wolken, die hauptsächlich aus Ammoniakkristallen und Schwefel bestehen.

Jupiter hat 79 bekannte Monde, darunter der größte Mond in unserem Sonnensystem, Ganymed.

Jupiter ist das viert hellstes Objekt in unserem Sonnensystem.

Zufällige Fakten über Saturn

Saturn ist nach dem römischen Gott der Landwirtschaft benannt.

Saturn kann ohne Teleskop am Nachthimmel gesehen werden.

Saturn umkreist die Sonne einmal alle 29,4 Erdjahre.

Vier Raumfahrzeuge haben Saturn besucht.

Saturn hat die umfangreichsten Ringe im Sonnensystem, die hauptsächlich aus Eis - und Staubbrocken bestehen. Die Ringe erstrecken sich mehr als 120.700 km vom Planeten entfernt.

Saturn ist der flachste Planet.

H H

Saturn besteht hauptsächlich aus Wasserstoff.

Saturn hat 150 Monde und kleinere Mondchen.

Wenn Sie mit einem Auto auf einem von Saturns Ringen fahren würden, mit einer Geschwindigkeit von 100 km/h, würde es über 14 Wochen dauern, um eine Runde zu beenden.

Zufällige Fakten über Uranus

Uranus ist nach dem römischen Gott des Himmels benannt.

Uranus hat 27 Monde.

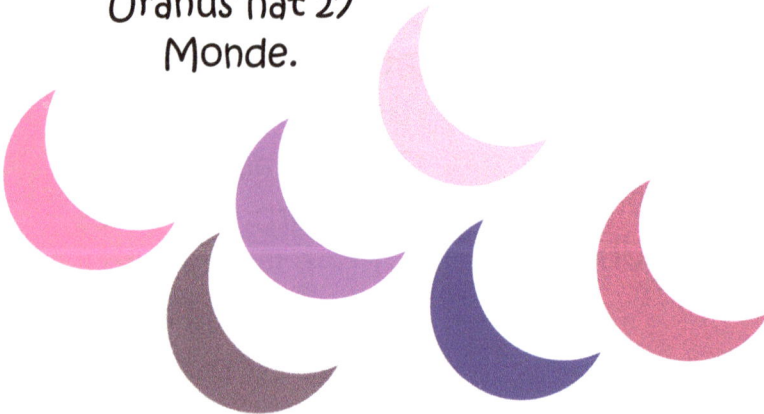

Ein Tag auf Uranus entspricht 17 Stunden und 14 Minuten auf der Erde.

Uranus macht eine Reise um die Sonne alle 84 Erdjahre.

Nur ein Raumfahrzeug, die Voyager 2, ist jemals im Jahr 1986 an Uranus vorbeigeflogen.

Uranus hat zwei Sätze von sehr dünnen dunkel gefärbten Ringen.

Uranus ist der kälteste Planet mit minimalen aufgezeichneten atmosphärischen Temperaturen von -224 Grad Celsius.

Zufällige Fakten über Neptun

Neptun ist nach dem römischen Gott des Meeres benannt.

Neptun hat 14 Monde.

Neptuns Atmosphäre besteht hauptsächlich aus Wasserstoff und Helium, mit etwas Methan.

Neptun dreht sich sehr schnell um seine Achse.

Nur ein Raumfahrzeug, die Voyager 2, ist jemals im Jahr 1989 an Neptun vorbeigeflogen.

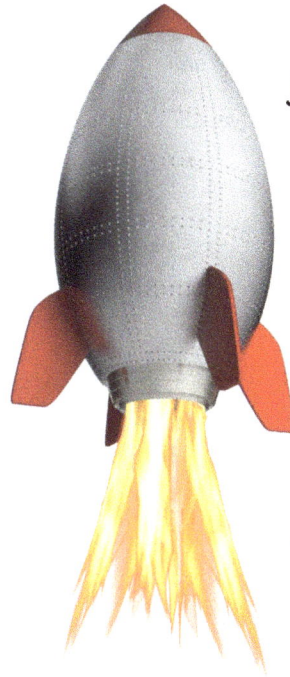

Neptun hat eine sehr dünne Sammlung von Ringen.

Neptun hat Hochgeschwindigkeitswinde, die mit bis zu 600 Metern pro Sekunde um den Planeten peitschen.

Zufällige Fakten über Pluto

Pluto ist nach dem römischen Gott der Unterwelt benannt.

Pluto wurde 2006 von einem Planeten zu einem Zwergplaneten umklassifiziert.

Pluto ist kleiner als der Mond der Erde.

Pluto hat fünf bekannte Monde.

Pluto hat eine elliptische Umlaufbahn und ist manchmal näher an der Sonne als Neptun.

Pluto ist nicht der einzige Zwergplanet in unserem System. Es gibt vier weitere Zwergplaneten: Ceres, Haumea, Makemake und Eris.

Pluto besteht zu einem Drittel aus Wasser.

Das einzige Raumfahrzeug, das an Pluto vorbeigeflogen ist, war New Horizons im Jahr 2015.

Zufällige Fakten über den Mond

Der Mond ist der einzige natürliche Satellit, der die Erde umkreist.

Der Mond hat keine Atmosphäre.

Es gibt mindestens eine Sonnenfinsternis alle 18 Monate. Eine Sonnenfinsternis tritt auf, wenn der Mond direkt vor der Sonne vorbeizieht und seinen Schatten auf die Erde wirft.

Die Schwerkraft auf dem Mond ist um 83% geringer als auf der Erde. Dies bedeutet, dass Schwimmer in einem Pool auf dem Mond wie Delfine aus dem Wasser springen könnten und sich mehr als einen Meter hoch katapultieren könnten.

Der Mond befindet sich in einer synchronen Umlaufbahn um die Erde. Das bedeutet, dass wir immer dieselbe Seite des Mondes sehen.

Der Mond hat keine dunkle Seite. Die Seite, die wir niemals sehen, wird genauso oft von der Sonne beleuchtet wie die Seite, die wir sehen.

Ein Blauer Mond ist nicht wirklich blau. Es ist der Name für den zweiten Vollmond, der in einem Monat auftritt, normalerweise einmal alle 2-3 Jahre.

Aufgrund der fehlenden Atmosphäre werden Fußabdrücke auf dem Mond für 100 Millionen Jahre dort bleiben.

Es gibt mindestens zwei Mondfinsternisse pro Jahr. Es können bis zu vier sein. Eine Mondfinsternis tritt auf, wenn der Mond in den Schatten der Erde tritt und das Sonnenlicht blockiert, das normalerweise auf den Mond fällt. Während einer Mondfinsternis sehen wir den Mond immer noch, aber er hat einen schwachen rötlichen Schimmer.

Der Mond ist 384.402 km von der Erde entfernt.

Zufällige Fakten über Galaxien

Die Milchstraße enthält zwischen 100 – 400 Milliarden Sterne.

Unsere Galaxie, die Milchstraße, ist etwa 13,6 Milliarden Jahre alt.

Es gibt 4 Haupttypen von Galaxien: Elliptisch, Normale Spirale, Balken-spirale und Irregulär. Unsere Galaxie, die Milchstraße, ist eine Balkenspiralgalaxie.

Die Andromeda-Galaxie ist unser Nachbar, die nächste Galaxie zu unserer.

Es wird angenommen, dass es im Universum über 500 Milliarden Galaxien gibt!

Zufällige Fakten über Asteroiden und Kometen

Es wird angenommen, dass es derzeit über eine Million Asteroiden im Weltraum gibt.

Asteroiden gibt es in verschiedenen Größen. Sie können von wenigen Metern bis zu hunderten Kilometern breit sein.

Kometen sind wie Schneebälle im Weltraum. Sie bestehen aus gefrorenem Wasser und Gas, Gestein und Staub.

Asteroiden sind durch mindestens mehrere Kilometer voneinander getrennt, so dass es nicht schwierig ist, sie beim Fliegen durch den Weltraum zu vermeiden.

Der Kuipergürtel ist eine scheibenförmige Region aus Kometen, Asteroiden und Zwergplaneten. Es wird angenommen, dass es dort Tausende von Körpern gibt, die größer als 100 km sind und Billionen von Kometen.

Halleyscher Komet ist der früheste aufgezeichnete Komet mit der ersten aufgezeichneten Beobachtung im alten China im Jahr 240 v. Chr. Er umkreist die Sonne alle 75 Jahre.

Ein Kometenschweif, der Millionen Kilometer lang sein kann, erscheint, wenn er nahe genug an die Sonne herankommt und zu schmelzen beginnt.

Der Kern eines Kometen ist normalerweise kleiner als 10 km, aber wenn sie sich der Sonne nähern, verdampfen die gefrorenen Gase und dann kann sich der Kern auf über 80.000 km ausdehnen.

Zufällige Fakten zur Raumstation

Normalerweise leben und arbeiten sieben Personen auf der Internationalen Raumstation.

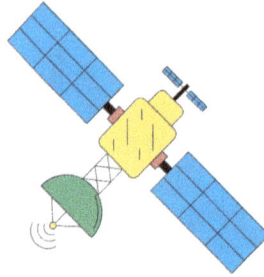

Die Raumstation wird von fünf Raumfahrtagenturen und 15 Ländern betrieben.

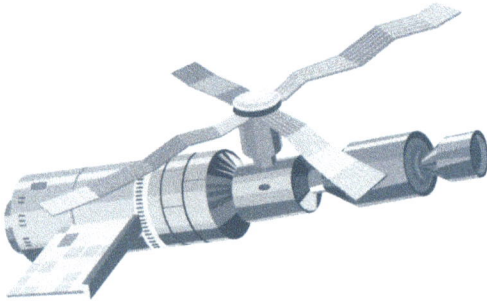

Die Internationale Raumstation ist seit November 2000 kontinuierlich in Betrieb.

Acht Raumschiffe können bei Bedarf an die Raumstation angeschlossen werden.

In 24 Stunden umkreist die Raumstation die Erde 16 Mal.

Die Raumstation ist 109 Meter lang.

Für manche Raumfahrzeuge dauert es nur vier Stunden, um die Raumstation von der Erde aus zu erreichen.

Es gibt etwa 350.000 Sensoren, die die Besatzung auf der Raumstation überwachen, um sicherzustellen, dass sie gesund und sicher sind.

Die Raumstation legt täglich die gleiche Strecke zurück wie zum Mond und zurück.

Es gibt vier verschiedene Frachtraumschiffe, die Vorräte zur Raumstation liefern: Northrop Grummans Cygnus, SpaceXs Dragon, JAXAs HTV und das russische Progress.

Alle Astronauten auf der Raumstation müssen mindestens zwei Stunden täglich trainieren, um Muskel und Knochenverlust zu verhindern.

Zufällige Fakten über den Weltraum

Jeder Space-Shuttle-Start kostet $450 Millionen.

Um sich von der Schwerkraft der Erde zu befreien, muss ein Raumschiff mit einer Geschwindigkeit von etwa 24.000 Kilometern pro Stunde reisen.

Aufgrund des Fehlens von Schwerkraft fallen Tränen im Weltraum nicht herunter.

Normale Stifte funktionieren im Weltraum nicht wegen des Fehlens von Schwerkraft.

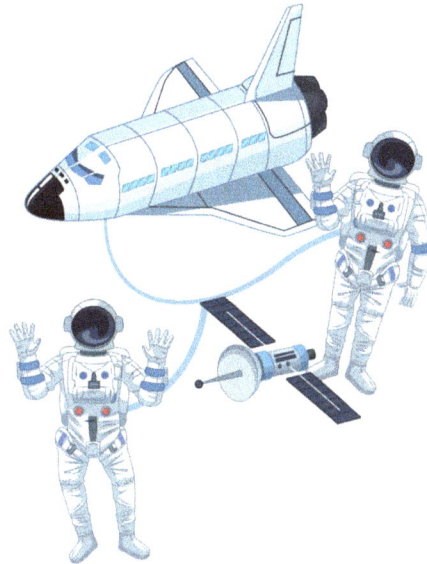

Die Sonne reist einmal alle 200 Millionen Jahre um die Galaxie.

Ein Space-Shuttle benötigt 1,9 Millionen Liter Treibstoff für den Start in den Weltraum. Das reicht aus, um 42.000 Autos zu betanken!

Aufgrund des Fehlens von Atmosphäre ist der Weltraum völlig still. Schallwellen haben keine Möglichkeit, durch die Luft zu reisen. Astronauten verwenden Funkgeräte zur Kommunikation, weil Radiowellen keine Atmosphäre zum Reisen benötigen.

Weitere zufällige Fakten über Weltraum

Das erste Essen im Weltraum war Apfelmus.

Aufgrund des Fehlens von Schwerkraft sind Menschen im Weltraum 5 cm größer.

Im Weltraum kann man nicht rülpsen, weil das Fehlen von Schwerkraft es nicht zulässt, dass Luft im Magen aus dem gegessenen Essen aufsteigt.

Der erste künstliche Satellit im Weltraum war Sputnik. Er wurde im Oktober 1957 gestartet.

Das erste Softgetränk, das im Weltraum konsumiert wurde, war Coca-Cola.

Sterne scheinen zu funkeln, weil das Licht gestört wird, wenn es durch die Erdatmosphäre hindurchtritt.

Die Ursprünge des Wortes *Astronaut* übersetzen sich in "Sternensegler".

Weitere Titel in der Zufallswissen-Reihe

Das Buch der zufälligen Autofakten

Mark Malkoun   Pauline Malkoun

Das Buch der zufälligen Flugzeugfakten

Pauline Malkoun

Das Buch der zufälligen Sprachfakten

Pauline Malkoun

Das Buch der zufälligen Schlaffakten

Pauline Malkoun

Das Buch der zufälligen Gehirnfakten

Pauline Malkoun

www.ingramcontent.com/pod-product-compliance
Lightning Source LLC
Chambersburg PA
CBHW080428030426
42335CB00020B/2632